JN295659

環境自治体とＩＳＯ

畠山　武道

地方自治土曜講座ブックレットNo.59

はじめに

最近、自治体でISO一四〇〇一規格を認証取得するところが増えています。ISO一四〇〇一規格は、すべての組織を対象とはしていますが、実際には、製造工場など、公害を出す可能性のある企業がその中心です。そこで、自治体関係者の中には、ISO一四〇〇一規格とは何か、なぜ自治体がISO一四〇〇一規格を取得するのかなどについて十分な理解がないままに、上司の指示で書類作りに追い回されている人が少なくないようです。

今日の講座では、ISO一四〇〇一規格の意義、自治体がそれを取得する意義、ISO取得の手続、自治体ISOの課題などを勉強したいと思います。とはいいましても、私は、ISOの専門家ではありませんし、ISOの技術的な項目について細かな知識があるわけではありません。

より専門的で実務的なことを知りたい方は、書店にいくとＩＳＯ関連の本が山のように並んでいますので、それらを参考にしてほしいと思います。今日の話が、皆さんがさらに本格的な勉強をするうえでの橋渡しとなれば幸いです。

Ⅰ　ＩＳＯの話

１　ＩＳＯとは何か

ＩＳＯ（International Organization for Standardization:国際標準化機構）は、一九四七年にロンドンに本部をおいて設立された非政府組織で、電気関係を除いた標準化のための専門機関です。現在は、約一三〇ヵ国が参加しています。各国で標準化の仕事をしている機関および民間法人が参加できます（現在の本部は、スイス・ジュネーヴにある）。標準化というと、すぐにＪＩＳマーク（日本工業規格）を思いだしますが、日本からは、このＪＩＳマークを扱っているＪＩＳＣ（日本工業標準調査会）が代表として参加しています。ＪＩＳＣの事務局は通産省工業技術院標準部が担当していますから、通産省の外郭的な団体といってよいでしょう。

会員には、投票権、会議出席の義務、意見提出の義務があるＰ会員と、投票権のないＯ会員（オブザーバー会員）があります。国内の標準化制度が十分でない国や、まだ標準化制度がない国はＯ会員となります。規格についての交渉と作成は技術専門委員会（ＴＣ）が行い、技術専門委員会のもとに分科会（ＳＣ）と作業部会（ＷＧ）がおかれます。ひとつひとつ規格は、まずＷＧで原案が作成され、それがＳＣで検討されてＳＣ原案となり、それが国際規格原案となってからＩＳＯ加盟国の投票にかけられます。

しかし、**図表１**に、環境管理に関するＴＣ二〇七の構成を掲げましたが、ＴＣやＳＣの議長は大部分が先進国

図表１　ＩＳＯ１４０００シリーズの検討組織

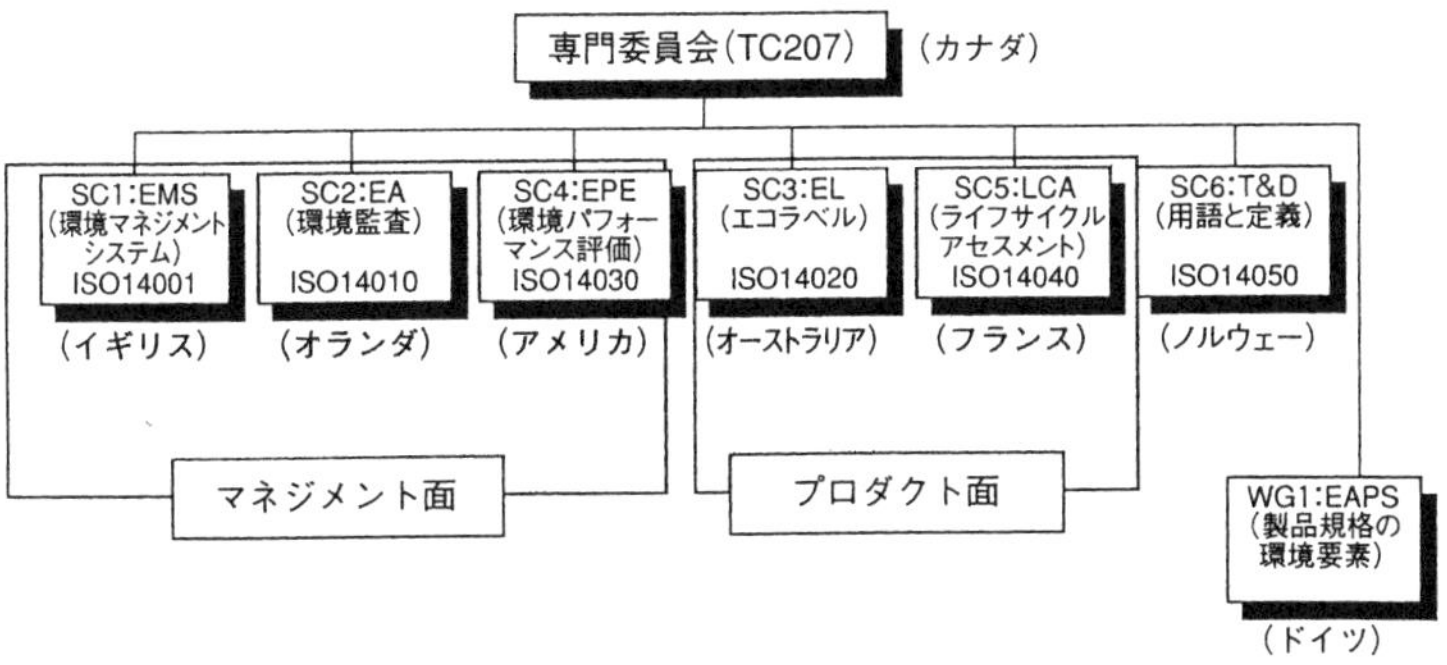

（　）内は幹事国

の代表や多国籍企業の委員が占めており、ＩＳＯは先進国の企業が中心となった組織ということができます。

ＩＳＯは、これまでいろいろの国際標準の作成に取り組んできましたが、中でも品質管理についてのＩＳＯ九〇〇〇シリーズや環境管理についての一四〇〇〇シリーズがよく知られています。一四〇〇〇シリーズは、一九九二年の地球サミットをうけて、企業が地球環境問題に自主的にとり組むための規格を作ることを目的に、一九九三年のＩＳＯ総会で専門委員会（ＴＣ二〇七）の設置が決定されました。その後、ＳＣを設けていろいろの作業がなされ、これまで、**図表２**に

図表2　これまで発行されたＩＳＯ１４０００シリーズ

	規格番号	規　格　名　称	ISO 発行	JIS 制定
SC 1	ISO 14001	環境マネジメントシステム―仕様及び利用の手引	96. 9. 1	96. 10. 20 (JIS Q14001)
	ISO 14004	環境マネジメントシステム―原則，システム及び支援技法の一般指針	96. 9. 1	96. 10. 20 (JIS Q14004)
SC 2	ISO 14010	環境監査の指針――般原則	96. 10. 1	96. 10. 20 (JIS Q14010)
	ISO 14011	環境監査の指針―環境マネジメントシステムの監査手順	96. 10. 1	96. 10. 20 (JIS Q14011)
	ISO 14012	環境監査の指針―環境監査員のための資格基準	96. 10. 1	96. 10. 20 (JIS Q14012)
SC 3	ISO 14020	環境ラベル――般原則	98. 8. 1	99. 7. 20 (JIS Q14020)
	ISO 14024	環境ラベル―第三者認証による原則と実施方法	99. 4. 1	
SC 4	ISO 14031	環境パフォーマンス評価	99. 11. 15	
SC 5	ISO 14040	ライフサイクルアセスメント――般原則	97. 6. 15	97. 11. 20 (JIS Q14040)
	ISO 14041	ライフサイクルアセスメント―イベントリ分析：一般	98. 10. 1	
SC 6	ISO 14050	用語と定義	98. 5. 1	98. 10. 20 (JIS Q14050)
	ISO 14050 /DAM 1	用語と定義（追補）	99. 12. 30	

示したように、環境管理・環境監査に関する五つの国際規格が発行されています。日本は、一九九五年から一四〇〇〇シリーズをＪＩＳとするための準備に取りかかり、一九九六年一〇月、この五つの規格をすべてＪＩＳＱ一四〇〇〇シリーズ（いわゆる環境ＪＩＳ）として制定しました。

2　ＢＳ七七五〇規格とＥＭＡＳ規則

環境監査は、一九七〇年代に、アメリカで環境法規に適合するための自主的監査方法として検討が始まりました。また、ＳＥＣ（証券取引委員会）の企業情報開示規定に適合するねらいもありました。それがヨーロッパ諸国に伝わったわけですが、ヨーロッパでは、単に環境法規に適合することだけではなく、より積極的に環境改善に取り組み、それを社会にアピールするための手段として発達します。すなわち、企業が自ら環境保全のための目標をたて、計画を作成し、それにそって企業内の活動をコントロールする環境管理（環境マネジメント）を実施することで、企業のイメージアップを図ったのです。

しかし、環境管理を、各企業が自己流でバラバラに実施しても、あまり効果はありませんし、社会の評価も高まりません。やや厳しい規格を作り、それに準拠することで、規格のブランド効果を高める必要があります。そこで、世界的な規格作りが必要になるわけです。規格作りにも国際的な競争が働きます。すなわち、規格作りでリーダーシップをとることでその国の国際社会における地位や発言力が高まるからです。

最初に規格作りに取り組んだのが英国です。英国では、英国産業連盟などの産業界の代表、認証機関、規格協会、環境省、貿易産業省などが参加して環境管理規格策定委員会が設けられました。一九九二年三月にはBS七七五〇規格が公表され、一九九四年二月には同規格が正式に制定されました。この規格は、一一章からなり、大変に権威のあるものとされていました。BS七七五〇規格を取得した企業は、超一流企業というわけです。しかし、このBS七七五〇規格は、ISO一四〇〇一規格に統合され、廃止されました。

EC（欧州連合）は、この英国の動きに対抗して、環境条約・環境規則の作成に取り組んできましたが、ようやく一九九三年六月になって「産業部門会社の欧州環境管理・監査への任意的参加に関する理事会規則」（EMAS規則）を公布し、一九九五年四月から実施しました。これは規則なので、自動的に加盟国の法律となります。ドイツは、EMAS規則をドイツ国内で実行するため、一九九五年、環境監査法をつくり、実施しています。

EMAS規則は、やや話が細かくなりますが、企業の自主的な環境対策への参加、環境対策の実績評価と継続的な向上、環境情報の公開を目標に、環境関連法規の順守、環境方針の作成、事業所の初回環境審査、環境プログラムの作成、附属書Ⅰの要求事項をみたす環境管理システムの導入、事業所の環境監査の実施、環境声明書の作成と市民への公開、公認環境検証人による検証と認定、国の管理機関への登録と公表などについて定めています。内部監査は企業の中の者または外部の第三者のどちらでもかまいませんが、内部監査が適切になされたか、環境声明書が正しく作成されているかどうかは、第三者である公認環境検証人によって厳しくチェックされます。

ＥＭＡＳの認証・登録は事業所（サイトといいます）を単位としてなされますが、事業所をＥＭＡＳに登録するかどうかは企業の自由です。最初はこの登録をすべての企業の義務としようとしたのですが、産業界の反発が強く、自主的な参加に改められました。登録が認められると、ＥＣ官報に公示され、企業説明書、書類、便箋広告などに事業所名とＥＭＡＳのロゴを並べて使うことができます。

ＥＭＡＳで注目しなければならないのは、環境声明書が正しく作られているのかどうかを公認環境検証人がチェックし、さらに環境声明書を広く一般に公表するとしていることです。これは市民に企業の情報を公開することで、企業に対する監視を強くし、ＥＭＡＳが実際に守られるようにしようとするものです。この、環境検証人による環境声明書のチェックとその公表が、ＩＳ

〇一四〇〇一には見られないＥＭＡＳの大きな特色です。

3　ＥＭＡＳとＩＳＯ

　このように、現在、ＥＭＡＳとＩＳＯがともに国際標準をめざして、しのぎをけずっています。今のところ、世界中でＥＭＡＳを取得した企業が三〇〇〇件超、ＩＳＯ一四〇〇一を取得した企業が一二〇〇〇件超ですから、ＩＳＯの方が優勢です。日本企業は、ことのほかＩＳＯが好きで、三〇〇〇件近くの企業がＩＳＯ一四〇〇一規格を取得しています。これは世界一の数です。

　どんな企業がＩＳＯ一四〇〇一規格を取得しているのか。一九九九年一〇月末現在の数値を図表3に示しています。総数は二六四一件ですが、業種別にみると、電気機械（三四・二％）、化学工業（九・六％）、一般機械（八・八％）、輸送機械（七・六％）などとなっています。このように、ＩＳＯ一四〇〇一規格は、公害を出す可能性の高い製造業を中心に取得が進んできたのです。機械類が多いのは、輸出入の承認や入札にＩＳＯの取得が必要だからだと思われます。最近は、サービス業、流通業にまで取得する企業が広がり、大学でもＩＳＯを取得したところがあります。そして、今や自治体がＩＳＯを取得するのがブームになっているのです。

4　ＩＳＯ一四〇〇一規格の種類

いままで、ＩＳＯといったり、ＩＳＯ一四〇〇一規格といったりしてきましたが、ここで少し概念を整理しておきます。すでに触れましたが、ＩＳＯにはいろいろの種類があります。その中の環境監査に関するＩＳＯ規格を一四〇〇〇シリーズといいます。いままで発行されたＩＳＯ一四〇〇〇シリーズは、**図表2**のとおりです。日本では、これがＪＩＳＱ一四〇〇〇シリーズ（いわゆる環境ＪＩＳ）として知られていることは、すでに述べたとおりです。

ところで、われわれが普通ＩＳＯという場合には、この中の一四〇〇一規格を指します。というのは、一四〇〇一規格だけが一四〇〇〇シリーズの中で認証登録を定めており、一定の審査に合格した企業だけが使うことを認められたブランドだからです。それ以外の規格については、とくに認証や審査はなく、誰でも自由に使うことができます。また、違反しても何のサンクションもない、まったくのガイドラインといえます。

そこで、ようやくＩＳＯ一四〇〇一規格の話に入ります。

Ⅱ　ＩＳＯ一四〇〇一規格

１　ＩＳＯ一四〇〇一規格の取得単位

ＩＳＯ一四〇〇一規格は、企業だけではなく、自治体、学校、民間組織など、いろいろな機関が使うことができます。そこで、ＩＳＯ一四〇〇一規格も、組織という言葉を用い、組織とは「法人か否か、公的か私的かを問わず、独立の機能及び管理体制をもつ、企業、会社、事業所、官庁もしくは協会、またはその一部もしくは結合体」と定義しています。そこで、本講座でも、以下、「組織」という言葉を使うことにします。

ＩＳＯ一四〇〇一規格は、組織全体について取ることもできますし、一部について取ることもできます。たとえば、企業であれば本社だけ、あるいは地方の工場だけでＩＳＯ一四〇〇一規格を取ることができます。自治体であれば、本庁舎だけ、あるいは支所や清掃工場だけで取ることもできます。その点は、状況にあわせて取ればよいように、柔軟にできているわけです。

2　ＩＳＯ一四〇〇一規格の全体の構成

ＩＳＯ一四〇〇一規格は、環境管理システムに関する基準を定めたものです。環境管理システムとは、「全体的な管理システムの一部で、環境方針を作成し、実施し、達成し、見直しかつ維持するための組織の体制、計画活動、責任、慣行、手順、プロセス及び資源を含むもの」（三・六）と定義されています。

企業は、すでにそれぞれの工場について、安全管理システム、品質管理システム、製造管理システム、設備管理システムなどを持っており、マニュアル、社内規定、作業標準、手順書などを作っています。ＩＳＯ一四〇〇一規格は、企業がさらに自主的に環境管理システムを作り、環境管理をおこなう場合の標準（規格）を定めたものです。

また、右の定義からは、分かりにくいのですが、ＩＳＯ一四〇〇一規格は、①環境についての方針・計画の作成、②その実施と運用、③点検と不十分な点を直すための是正措置、④経営層による見直しという手続を定めるものです。**図表３**にそれが示されていますが、このＰＤＣＡの手続を何度もくり返しながら、組織が継続して環境改善や汚染の予防に取り組むようになっています。個々の中身については、後に自治体ＩＳＯの内容に沿って説明します。

図表３　ＩＳＯ１４００１規格のＰＤＣＡのサイクル

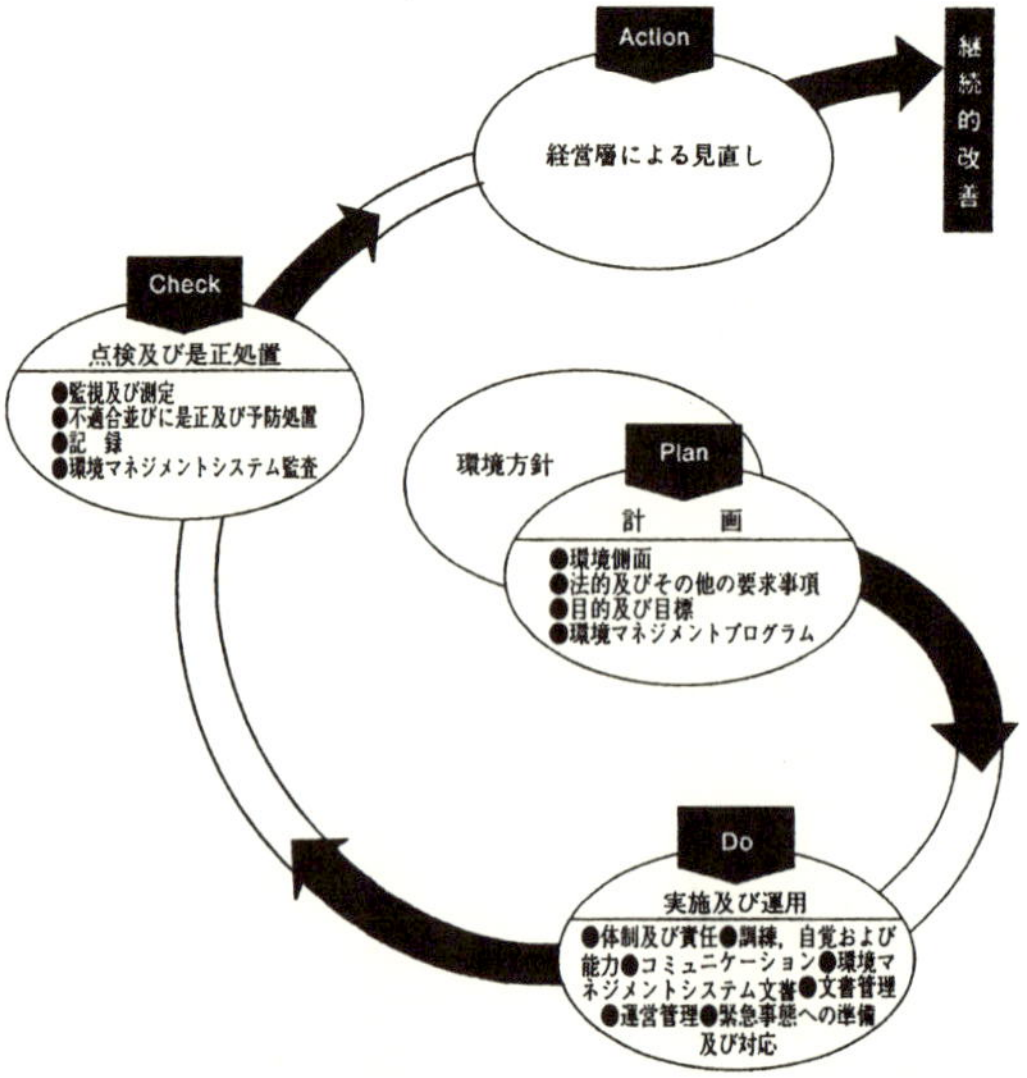

出典：大島義貞『主任審査員が語る環境マネジメントシステム構築の手引き』日科技連出版社，p15

３　ＩＳＯ一四〇〇一規格の登録審査機関

ＩＳＯ一四〇〇一規格は、組織が自分で環境対策に取り組むときの目安（ガイドライン）のようなものですから、法律のように必ず守る必要があるものではなく、違反しても処罰されることもありません。しかし、ＩＳＯ一四〇〇一規格をもらうためには、審査登録を専門にしている機関に審査を頼み、その審査にパスする必要があります。

図表4　わが国の審査登録制度の仕組み

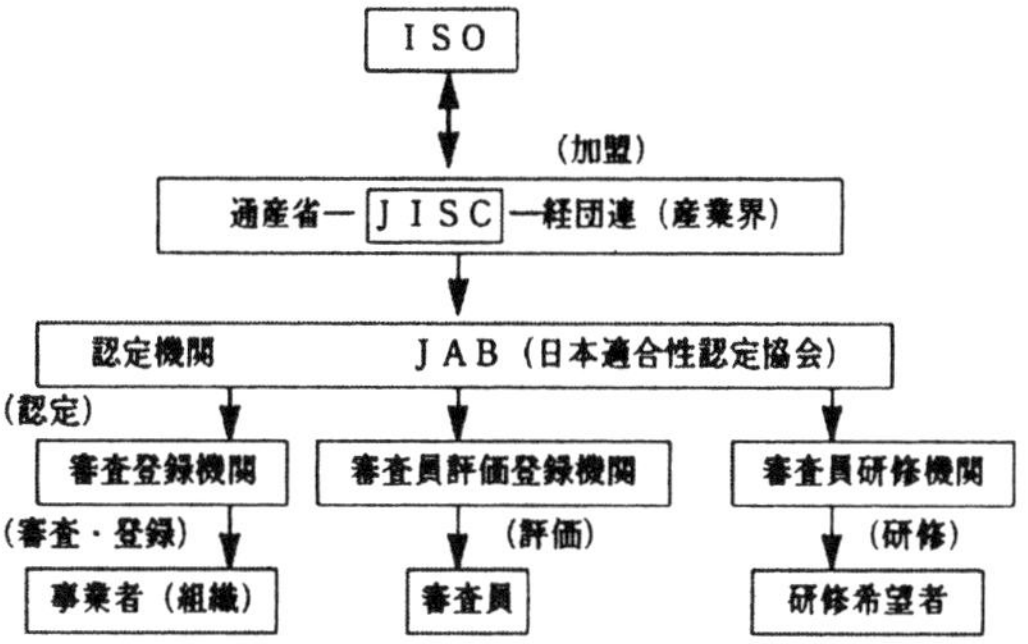

審査登録（認証）の仕組みは図表4に示しておきましたが、（財）日本適合性認定協会（ＪＡＢ）という組織があり、そこが審査登録機関を認定します。そして、認定をうけた審査登録機関（現在二六あります）が審査にあたります。また、実際の審査は、ＪＡＢのもとに審査員評価登録機関（現在二）があり、そこの試験に合格した審査員が行います。

ＪＡＢは、実質的にＪＩＳＣのコントロールのもとにあり、その事務局が通産省工業技術院標準部にあることは、すでに説明したとおりです。ＪＩＳＣの答申に基づき、一九九三年に産業界が通産大臣と運輸大臣の認可を得て（財）日本品質システム審査登録認定協会が設立され、それが一九九六年に名称変更してできたのがＪＡＢです。ＪＡＢの理事会の構成は、二十数名の理事のうち、常勤の専務理事と常務理事の二名を除く全員が産業界の代表です。すなわち、産業界の作ったＪＡＢが審査登録機関を認可し、それがさらに企業の審査登録申請を審査することになります。しかし、それでは産業界が産業界を審査しているのとあまり変わらず、審査登録がお手盛りではないかという疑問がでてきます。実際、おいしい商売というわけで、審査登録機関が雨後の竹の子のように増えており、中にはコンサルタント業務と審査登録を兼ねているところや、登録料を稼ぐために審査を甘くしているところもあると批判されています。また、審査員の質にばらつきがある、審査員の試験が甘すぎるという批判もあります（石井薫「ＩＳＯ環境監査の現状と課題（３）」環境と正義２０００年五月号一二頁）。

審査登録機関は、現在二六ありますが、日本環境認定機構（ＪＡＣＯ）、日本品質保証機構（ＪＱＡ）が大手で、日本規格協会（ＪＳＡ）、日本自動車研究所（ＪＡＲＩ）などがそれに続きます。

ＩＳＯ一四〇〇一規格は、万能のように思われますが、決してそうではありません。

第一に、誤解してはならないのは、ＩＳＯ一四〇〇一規格は、システムを監査するものだということです。すなわち、ＩＳＯ一四〇〇一規格は、システム＝体制が維持されているかどうかを監督するためのもので、努力して得られた成果を評価するものではない（パーフォーマンス評価ではない）ということです。悪い言い方をすると、目標をたてて、それを実現できなくても、形（体制）が整っていれば、ＩＳＯ一四〇〇一規格の要求は充たされるわけです。

たとえば、ある工場の最高責任者（工場長）が、社員の通勤用マイカーの使用を三〇％減らすことを決意表明し、そのための計画を作成し、実施体制を整備します。そして、職員にマイカー自粛を呼びかけ、毎月、使用量を点検します。結果は、二〇％減っただけで目標を達成できませんでした。監査の担当者は、その結果を監査報告書としてまとめ、最高責任者に報告します。最高責任者は、「ダメだったか。すこし目標が高すぎたので来年は二〇％にしよう」というわけで、決意を新たにします。この場合、目標は達成できませんでしたが、システムは正常に機能していたということになり、ＩＳＯ一四〇〇一規格の認証を取り消されないですみます。ただし、目標を実現できない場合には、体制に何らかの問題があるということになりますから、環境問題の改善に間接的には役立つわけです。その点は、「環境管理システムを確立し運用しても、それだけでは、必ずしも環境への有害な影響を直ちに削減させることにはならない」が、「環境管理システムの改善は、結果的に環境パフォーマンスの改善を付加するであろう」（A・一）と書かれているとおりです。

企業の中には、右の事例でも触れていますが、ＩＳＯ一四〇〇一規格を認証取得してからは、環境活動目標をわざと低く設定し、それで監査に合格しようとするものが現れます。これを「赤ん坊返り」といいますが、ＩＳＯ一四〇〇一規格を認証取得したために、企業の志しが低くなったのでは、かえって逆効果であり、本末転倒といわざるをえません。システムがいくらうまく機能しても、環境改善に貢献しなければ、本当に環境に良いことをした企業とはいえないでしょう。「ＩＳＯ一四〇〇一の取得は目標ではなく、始まりだ」というのは、このことをさしています。ＩＳＯ一四〇〇一規格の認証登録をした後に、企業として地域や地球環境への負荷を減らすために、どのような目的・目標をたて、それを実際に実現できるかどうかが問われているのです。

ついでに述べますと、ＩＳＯ一四〇〇一規格については、当初、パーフォーマンス評価を加えることが考えられました。しかし、途上国では目標を達成できない企業が続出することが予想されます。そこで、実績を問わずに形（体制）だけを審査することで、途上国の企業も認証取得しやすいようにしたのです。ハードルを下げることで、認証取得の組織を増やすねらいがあったともいえます。

第二に、ＩＳＯ一四〇〇一規格の問題として、企業情報の公開に消極的なことがあげられます。すでに述べたように、ＥＭＡＳは環境声明書を公表し、利害関係者の意見を広く聞くという方法をとっています。それに対し、ＩＳＯ一四〇〇一規格は「組織は、著しい環境側面について外部コミュニケーションのためのプロセスを検討し、その決定を記録しなければならない」（四・四・三）と述べ、あるいは「外部の利害関係者から関連するコミュニケーションについて受付け、文書化し、及び対応すること」に付いて手順を確立し、維持しなければならない（四・四・三）としているだけです。要するに、外部コミュニケーションのためのプロセスを検討したり、外部からの苦情に対し、それを受付け、文書化し、対応しなさいとはいっていますが、情報を公開しなさいとはいっていないわけです。

一四〇〇一規格を討論していた最初の頃は、「著しい環境側面」を引きおこすような危険物質の管理方法や事故があった時の対応について、地域社会に情報公開すべきだという考えがあったのですが、大企業を中心に情報公開に反対する意見が強く、結局、右のようなあいまいな文言に終わってしまったのです。また、ＩＳＯ一四〇〇一規格は、監査結果の公表にもふれていません。

自治体ＩＳＯの場合には、とくにこの点に注意が必要です。自治体の場合には、「コミュニケーションのためのプロセス」を検討したり、「コミュニケーションについて受付け、文書化し、及び対応すること」だけでは、決定的に不十分です。多くの自治体が情報公開条例をもっていますが、その趣旨を発展させ、自治体ＩＳＯでは要求していない環境報告書を作成し、進んで公表することが、当然に求められます。

第三に、お金のことも考える必要があります。ＩＳＯはタダではありません。登録料は、登録を希望する組織の大きさや場所によって違ってきますが、中規模の工場で三〇〇万円から五〇〇万円というところです（コンサルタント料は別です）。その他、毎年の定期的な審査（サーベイランス）の料金がかかり、三年後の登録更新のときには、新たに審査料がかかります。中小企業にとっては、大きな負担です。ヨーロッパ諸国では、入札や取引開始にあたりＩＳＯ一四〇〇一規格の認証取得を当然に要求してきます。また、日本の大企業も、グリーン調達、グリーン購入と称し、下請け企業や資材納入会社にＩＳＯ一四〇〇一規格の認証取得を要求してきます。そこで、小さな町工場までＩＳＯ一四〇〇一規格を取得することを求められ、四苦八苦しているというのが実状です。

自治体の場合は、登録を申請する組織の規模にもよりますが、審査料、定期審査料、登録更新料がさらに大きくなると考えてよいでしょう。したがって、隣の町が取ったからわが町もという安易な発想ではなく、「税金のムダ遣い」といわれないように、認証取得の意義とその効果を住民にきっちりと説明できることが必要です。

Ⅲ　地方自治体とＩＳＯ

１　なぜ、地方自治体がＩＳＯを取るのか

冒頭にも述べましたが、最近、ＩＳＯ一四〇〇一規格を認証登録する自治体が増えています。**図表5**に一九九九年六月現在までの数値を示していますが、最近、さらに爆発的に数が増えつつあります。図表には載っていませんが、その後、青森市、岩手県、仙台市、所沢市、川口市、横須賀市、平塚市、東京都、福井市、浜松市、岐阜県、四日市市、京都府、大阪市、徳島県、高知県その他の自治体がＩＳＯを認証取得しています（詳細は、後藤力・矢野昌彦『すぐに役立つ地

方自治体ＩＳＯ一四〇〇一取得マニュアル』（オーム社出版局・二〇〇〇年）一〇一一二頁参照）。北海道内では、厚岸町が二〇〇〇年三月三一日に認証取得し、北海道、札幌市、帯広市、黒松内などが、認証取得の作業を本格化させています。

では、自治体がＩＳＯ一四〇〇一規格を認証登録する理由は何でしょうか。

第一に、企業と違って自治体は公害を発生させるような製品を生産したり流通させたりするわけではありません。しかし、自治体は、行政活動をする中で、大量のもの、金、人を使い、環境への負荷をあたえ続けています（ゴミ焼却施設などは、直接的な公害発生源といえます）。した

図表５　自治体ＩＳＯの認証取得状況

	自治体機関名	取得年月日	審査登録機関	備考（人口・職員数等）
1	千葉県白井町	H10. 1.30	JSA	人口 49,300 人（職員 410 名）
2	新潟県上越市	H10. 2.24	JACO	132,000 人（1200 名）
3	滋賀県工業技術総合センター	H10. 3. 6	JQA	県試験研究機関（25 名）
4	南大阪湾岸南部下水道組合	H10.12.12	〃	3 市 1 町流域下水道（12 名）
5	大分県日田市	H10.12.21	JSA	人口 63,900 人（520 名）
6	大分県（庁舎）	H11. 1.18	JQA	庁舎の事務・事業（約 1600 名）
7	板橋区	H11. 2.17	〃	東京都特別区・人口 495,800 人
8	埼玉県庁全体	H11. 2.22	〃	県庁・出先の事務・事業（5 千）
9	京都府園部町	H11. 2.23	JACO	人口 15,900 人（180 名）
10	岩手県金ヶ崎町	H11. 2.23	〃	人口 16,300 人（約 300 名）
11	熊本県水俣市	H11. 2.23	〃	人口 32,100 人（約 330 名）
12	大阪府（庁舎）	H11. 2.23	〃	府庁舎の事務・事業（15,000 名）
13	横須賀市下水道部	H11. 2.24	〃	市単独下水道
14	静岡県環境衛生科学研究所	H11. 3. 1	KPMG	県試験研究機関
15	三重県海山町	H11. 4.19	ISC	人口 10,800 人

山本武『環境自治体ＩＳＯ１４００１一四〇〇一システム構築ガイド』（学陽書房・１９９９年）１５５頁

がって、言葉はあまり好きではないのですが、「環境にやさしい行政」を心がけることは重要です。とくに公共事業の実施、物資の調達、庁舎のエネルギー管理、ゴミ処理などについて、環境の改善に努めることは重要です。

第二に、職員の意識改革ということがあげられています。いくらノーカーデー、省エネルギーを叫んでも、なかなか効果があがりません。そこで、環境管理システムを導入して強制的に環境対策を実施しようということです。ISO一四〇〇一規格は毎年審査をうけ、不合格となると登録認証を取り消される可能性もあります。そうなると大変な不名誉なので、トップから末端まで真剣に環境対策に取り組むというわけです。

第三が、中小企業対策です。親会社からISO一四〇〇一規格の認証取得を要求されて四苦八苦している中小企業が多いことは先に述べました。とくに中小企業の場合には、社内規程等が文書化されていない場合が多く、文書作りが大変な負担となっています。そこで、たとえば板橋区では、区がISO一四〇〇一規格の認証取得することで職員が企業に対して規程・文書作りのアドバイスをしたり、手伝ったりすることが期待されています。

ただし、中小企業対策としては、直接的にISO取得をめざす企業に資金融資したり、「環境マネジメントシステム導入マニュアル」や「ハンドブック」「ガイドブック」などを作り配布しているところが多数あります。京都府では、ＩＳＯ一四〇〇一認証取得のための環境アドバイザーを置いています。中小企業が多いことは先に支援の仕方としては、こちらの方が効果があるかもしれません。

第四が、自治体のイメージアップです。大阪府は、一九九九年二月二三日に、ＩＳＯ一四〇〇一規格を認証取得しましたが、ねらい・効果として、真っ先に「環境自治体としてのアピール」をあげ、「とくに環境自治体としてのアピール効果が効果としては大きいものがあると考えられます。大阪府によるＩＳＯ一四〇〇一の認証取得は、大都市圏の府県レベルでは全国初となり、他の都道府県に与える影響は大きいものがあります。また、府の認証取得が府内の市町村や事業者の認証取得への刺激にもなることが期待されます」（中央監査法人編『地方自治体の環境マネジメント』（中央経済社・一九九九年）二〇六頁）と、じつに率直に述べています。

しかし、私個人は、こういう考えには賛成しません。環境自治体としてのアピール効果をねらって、全国の自治体が、我も我もとＩＳＯ一四〇〇一の認証取得に走るのは、邪道だと思います。その理由をつぎに述べます。

2　ISO一四〇〇一規格を取得しなくても環境対策はできる

問題は、自治体が環境対策・環境政策を進めるうえで、本当にISO一四〇〇一規格がいるのか、ISO一四〇〇一規格がなければ環境対策ができないのかということです。

ここに面白い例があります。埼玉県は、一九九九年二月二二日にISO一四〇〇一規格を取得しましたが、認証取得は非常にスムーズにいきました。というのは、埼玉県にはすでに詳細な環境基本計画があり、それをISO一四〇〇一環境管理マニュアルに作り替えたからです。図表6・7を見てください。環境基本計画とISOマニュアルを比較すると、項目はほとんど変わっていません。環境に配慮した事務・事業の推進など、新たに設けられた項目もありますが、環境基本計画の項目をISOマニュアルの項目に移し変えたものが大部分です。また、ISO一四〇〇一規格によって作成を求められる文書も、大部分が既存のものを移し替えたものです。

このことは、二つのことを物語っています。第一は、環境基本計画が整っていれば、ISO一四〇〇一規格などなくても、きちっとした環境対策ができるということです。環境基本計画があるのに、さらにISO一四〇〇一規格を認証取得するのは屋上屋を重ねるものだということになるでしょう。しっかりした環境基本計画があれば、ISO一四〇〇一規格の取得などにバタバタすることはないのです。

しかし第二に、既存の制度の手直しでISO一四〇〇一規格が取得できるのなら、この際、わが自治体もISOを取ろうという自治体も出てくるでしょう。たしかに、既存のシステムがし

図表6　環境基本計画とISO14001環境管理マニュアルの「目的・目標」比較

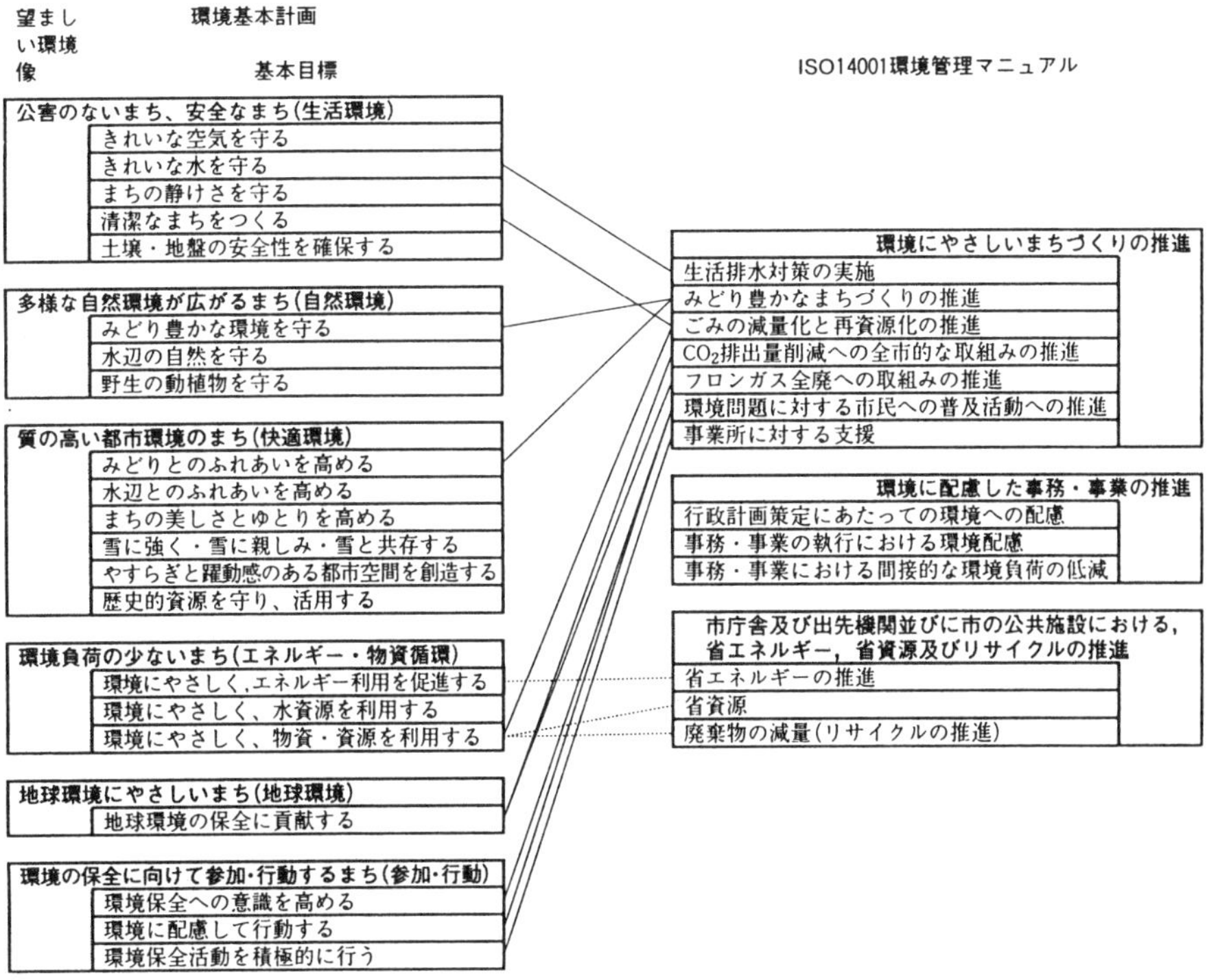

中央監査法人編『地方自治体の環境マネジメント』（中央経済社・１９９９年）４４頁

図表7　規格の要求事項への当てはめ、記入例

ISO 14001 の要求事項（概要）	埼玉県の既存のシステム
1) 環境マネジメントシステムの構築に先立って経営トップが，環境配慮に対する明確な意思表明を行うこと。	○知事の公約　「環境優先」「生活重視」
2) 現状把握を行い，さらに法規制遵守や汚染の予防の約束をもとに，経営トップが環境方針を策定する。	○彩の国ローカルアジェンダ21（1997.3） ○埼玉県環境基本条例（1995.4） ○埼玉県環境白書　その他報告書
3) 環境影響をもたらす組織内の活動を明確にし，その改善に向けて環境方針の意図を実現するための長短期的な具体的目標を設定し，計画的にその達成を図ること。	○埼玉県環境基本計画（1996.2） 21の施策展開 重点プロジェクト ○埼玉県環境配慮方針（1997.9） 10分野の事業実施における環境配慮
4) 実施のための組織と責任・権限を明確にし，必要な資源を配分し，全員が環境を意識して行動出来るように教育・訓練を行い，内外へのコミュニケーションの手順を確立し，維持すること。	○彩の国さいたま環境に良いこと率先実行計画推進要領（1997.10） ○埼玉県環境政策推進会議設置要綱（1997.5） ○彩の国さいたま環境推進協議会会則（1996.3） ○埼玉県職員研修規程　他
5) システムの運用に必要な文書化，文書類の管理を確実にできる手順を確立し，維持すること。	○埼玉県条例規集 ○ファイリングシステム実施要綱
6) モニタリング，測定などにより計画の進捗や実施状況を把握し，内部環境監査によりマネジメントの状況やシステムの有効性をチェックし，不適合の是正，予防を施していくこと。	○埼玉県環境保全率先実行計画推進状況評価実施要領（1997.10） ○事務事業評価調書（1997より試行，1998実施）
7) 経営トップが定期的にシステムの見直しを行い責任を持って継続的改善に取り組むこと。	○埼玉県環境政策推進会議設置要綱（1997.5）

山本武『環境自治体ＩＳＯ１４００１一四〇〇一システム構築ガイド』（学陽書房・１９９９年）７２頁

っかりしていれば、ＩＳＯを取ることは、それほど難しくないわけですから。

第三に、こうした動きをみて、自治体の中には、環境基本計画を作らずにＩＳＯ一四〇〇一規格の認証取得で済ましてしまおうという自治体が出てきました。ＩＳＯ一四〇〇一規格があれば環境基本計画なんかいらないというわけです。しかし、私はこうした考えには問題があると考えています。この点は、また後で取り上げることにします。

Ⅳ　ＩＳＯ一四〇〇一規格の要求項目

それでは、ここでＩＳＯ一四〇〇一規格の中身を説明し、自治体がＩＳＯ一四〇〇一規格を認証取得する場合には、どのような要求項目をパスしなければならないのかを説明します。とはいいましても、ここに詳細を説明する余裕はありませんし、その能力もありません。ＩＳＯ一四〇〇一規格を認証取得するためには、庁舎の内部に本格的な検討チームを作り、膨大な作業をこなす必要があります。そこで、以下に述べることは、あくまでＩＳＯ一四〇〇一規格全体のイメージをつかむための概略です。

1　環境方針（基本方針）の宣言

ＩＳＯ一四〇〇一規格は、「最高経営層は、組織の環境方針を定め、その方針について次の事項を確実にしなければならない」（四・二）として、六つの項目を並べています。

そこで、自治体ＩＳＯでは、まず、最高責任者である知事や市長村長が、環境方針を定め、決意表明します。たとえば最初にＩＳＯを取得した白井町のものは、「白井町は、まず職員自らできる活動から環境マネジメントに取り組みます。白井町は、事務に係る環境の法規制その他の要求事項を遵守し、環境目的と目標を設定し、実行し、見直しながら継続的改善と汚染の予防を行います」と控えめですが、東京都のものになると複雑になり、環境方針を基本理念と基本方針に分け、基本方針については、環境改善への積極的な努力、事業活動における環境配慮の徹底、自律的な行動を起こす環境づくりの推進など具体的な項目を掲げ、「以上の取組ついては、環境目的、環境目標を定め、定期的な見直しを行うことにより、継続的に改善を進めます。東京都知事石原慎太郎」と結んでいます。

2　環境側面の調査（洗い出し）

つぎに環境管理システムの中身を作ることになりますが、まず取り組むべき環境上の問題をリストアップし、それが環境にどんな影響をあたえるかを評価します。ＩＳＯ一四〇〇一は「組織は、著しい環境影響をもつか又はもちうる環境側面を決定するために、組織が管理でき、かつ、影響が生じると思われる、活動、製品又はサービスの環境面を特定する手順を確立し、維持しなければならない。組織は、環境目的を設定する際に、これらの著しい影響に関連する側面を確実に配慮しなければならない」（四・三・一）と述べています。

「環境側面」とは大変に分かりにくい言葉ですが、要するに行政活動が環境に与える負荷がこれに当たります。その中から影響が著しいものを洗い出し、影響を予測するわけです。また、環境改善にむけて努力することが目標ですから、「組織が管理できる側面」に限られます。いくら努力しても削減できないものは、除外されるわけです。

どのような環境側面を洗い

廃棄物管理、リサイクル	その他
紙ごみ排出	
包装・梱包材のごみ発生	
白剤使用の低減等）	

廃棄物管理、リサイクル	その他
建設廃棄物の排出	
同上	
同上	

出し、影響を予測するのかは、各自治体の判断に任されます。共通な項目はありません。項目の選定自体に、自治体のやる気が問われるわけです。

通常は、庁舎内の管理状況（紙、電気、水、洗剤、備品の使用状況）、発生するゴミの量、公用車のガソリン使用量、排気ガスの量などを調べますが、最近は、公共事業がもたらす環境への悪影響を調べ、それを減らすことを目標に掲げる自

図表8　環境側面の洗い出しの事例

	活動の種類	天然資源の使用	ｴﾈﾙｷﾞｰ消費	化学物質の使用	大気汚染（大気系への放出）	水質汚濁（水系への排出）	土壌汚染	悪臭、騒音・振動、地盤沈下
オフィス共通業	コンピュータ等ＯＡ機器使用		電力消費					
	紙の使用	紙の消費						
	照明の利用		電力消費					
	空調機器の利用		電力消費					
	消耗品・備品の購入	原材料資源の消費	製造段階でのｴﾈﾙｷﾞｰ使用	原材料に使用				
		ｸﾞﾘｰﾝ購入（環境保全型商品の購入）による各種の環境負荷の低減（紙の製造工程での						

省ｴﾈ型機器の購入配慮は「購入時点」で、省ｴﾈ行動は「使用中」…など細かい点は気にしない。

製造段階での環境側面は購入時点で考慮する。

	活動の種類	天然資源の使用	ｴﾈﾙｷﾞｰ消費	化学物質の使用	大気汚染（大気系への放出）	水質汚濁（水系への排出）	土壌汚染	悪臭、騒音・振動、地盤沈下
土木建築課	都市計画の実行段階		工事にかかるエネルギー消費		道路整備により大気汚染削減			工事にかかる騒音・振動
	河川整備事業計画の実行段階		同上			自然浄化作用の消失		同上
	公共ホールの建設工事段階	ｺﾝｸﾘｰﾄ型枠の使用	同上					同上

（財）東京市町村自治調査会著『環境自治体ＩＳＯ一四〇〇一をめざして（第２版）』５４－５５頁（イマジン出版・１９９９年）より。

治体も多くなっています（図表8参照）。その場合には、公共事業のもたらす直接の影響（森林や河川の生態系、日照、景観の破壊等）だけではなく、間接的影響（道路完成後の騒音、振動、地域の分断）なども調べる必要があります。これらの間接的な環境影響を、組織が管理できないという理由で除外するのであれば、何のためのＩＳＯかという批判を招くことになるでしょう。また、公共事業については、直轄事業のみが対象とされるようですが、「組織が管理できる」という観点からは、官庁が許認可権限をもつ民間の事業を含め、ＩＳＯ一四〇〇一の環境管理プログラムの中で管理することも不可能ではないと思います。

3　目的・目標・プログラムの決定

環境側面の洗い出しをおわると、それをどうするのかを決定します、それが環境目的・目標の決定です。ＩＳＯ一四〇〇一規格は、「組織は、組織内の関連する各部門及び階層で、文章化された環境目的及び目標を設定し、維持しなければならない」（四・三・三）としています。目的・目標は、著しい環境側面（環境に重大な影響をあたえる行為）を防止したり、法令に規定があればそれに適合するのは当然ですが、その他に、環境の改善にむけて、いろいろの目的・目標を列記

図表９　東京都板橋区の環境マネジメントマニュアルから

目的	目標	実施項目	
		実施事項	実施部門
(1) 省エネルギーの推進	平成12年度目標 平成８年度基準 ①事務所の単位面積当たりの電気使用量を、10％削減する。 （ただし、街灯の消費電力を除く） ②事務所の単位面積当たりのガス使用量を、10％削減する。 ③事務所の単位面積当たりの上水道使用量を、10％削減する。	ア　建物設計段階での省エネルギーや省資源に配慮する	◎都市整備部（営繕課） ○関連部門
		イ　業務執行時の省エネルギー対策 ・冷暖房温度（室温）適正化（冷房26℃、暖房22℃程度） ・不要な場所時間の適正管理 ・照明の間引きや昼休み消灯 ・休庁日はガスの元火を消す ・ＯＡ機器は省エネルギータイプを検討 省エネルギー及び省資源推進手順書による 床面積 3,000㎡以上の施設は、省エネルギー等施設管理標準手順書による	◎全部門
(2) 省資源・リサイクルの推進	平成12年度目標 平成８年度基準 ①用紙類の使用量を10％削減する。 （ただし広報いたばしおよび区議会だよりに使用する用紙を除く） ②各事務所からの廃棄物を25％削減する。 ③廃棄物中の可燃ごみの量を30％削減する。	ア　ごみの発生を抑制する ・紙類の発生を抑制する ペーパーレス会議、両面コピー、ごみの分別、生ごみの減量化等 イ　リサイクルの推進を図る ・給食の残りのコンポスト化、ビン、缶、粗大ゴミのリサイクル、紙ごみのリサイクル、再生品の利用促進等 ウ　リューズを図る ・裏紙の使用、利用済み封筒の活用、使い捨て製品の使用抑制、ファイリング用品の再利用 省エネルギー及び省資源推進手順書による	◎資源環境部（環境保全課）（リサイクル推進課） ○全部門
(3) 自動車の使用抑制・合理化	平成12年度目標 平成８年度基準 庁有車及び雇い上げ車の燃料使用量を10％削減する。	ア　自動車使用を抑制する ・できるだけ自転車や公共機関を利用する。 ・水曜日の自動車利用は控える イ　自動車は合理的に利用する ・相乗り等の励行	◎総務部（契約管財課） ◎資源環境部（環境保全課） ○全部門
		ウ　適正運転を励行する ・アイドリング抑制 ・急発進、急加速、空ぶかし抑制 ・適正な運転、経済速度等 省エネルギー及び省資源推進手順書による	◎総務部（契約管財課） ◎資源環境部（環境保全課） ○関連部門

します。目的・目標は、どうせ目標だから適当に書けばよいというものではなく、成果が確実に確認できるように、できるだけ数値目標を用い、具体的に書くことが求められます。

目的・目標が定まると、実施の具体的方法、期日などを書きます。ISO一四〇〇一規格では、「組織は、その目的及び目標を達成するためのプログラムを策定し、維持しなければならない。プログラムには次の項目を含まなければならない。(a)組織の関連する各部門及び階層における、目的及び目標を達成するための責任の明示、(b)目的及び目標達成のための手段及び日程、(以下略)」(四・三・四)と定めています。

目的・目標・プログラムの関係を分かりやすく示したものとして、図表9に、東京都板橋区の環境マネジメントマニュアルの一部を紹介しておきます。板橋区のものは、数値目標を相当に細かく書き込んであるのが特徴だと思います。

4　体制・責任、訓練、研修

計画ができあがると、それを実施するための組織体制を作り、文書を整備し、職員を訓練します。こうしたことは、わざわざ説明するまでもないでしょう。体制・責任といっても、わざわざ

図表10　水俣市の環境組織図

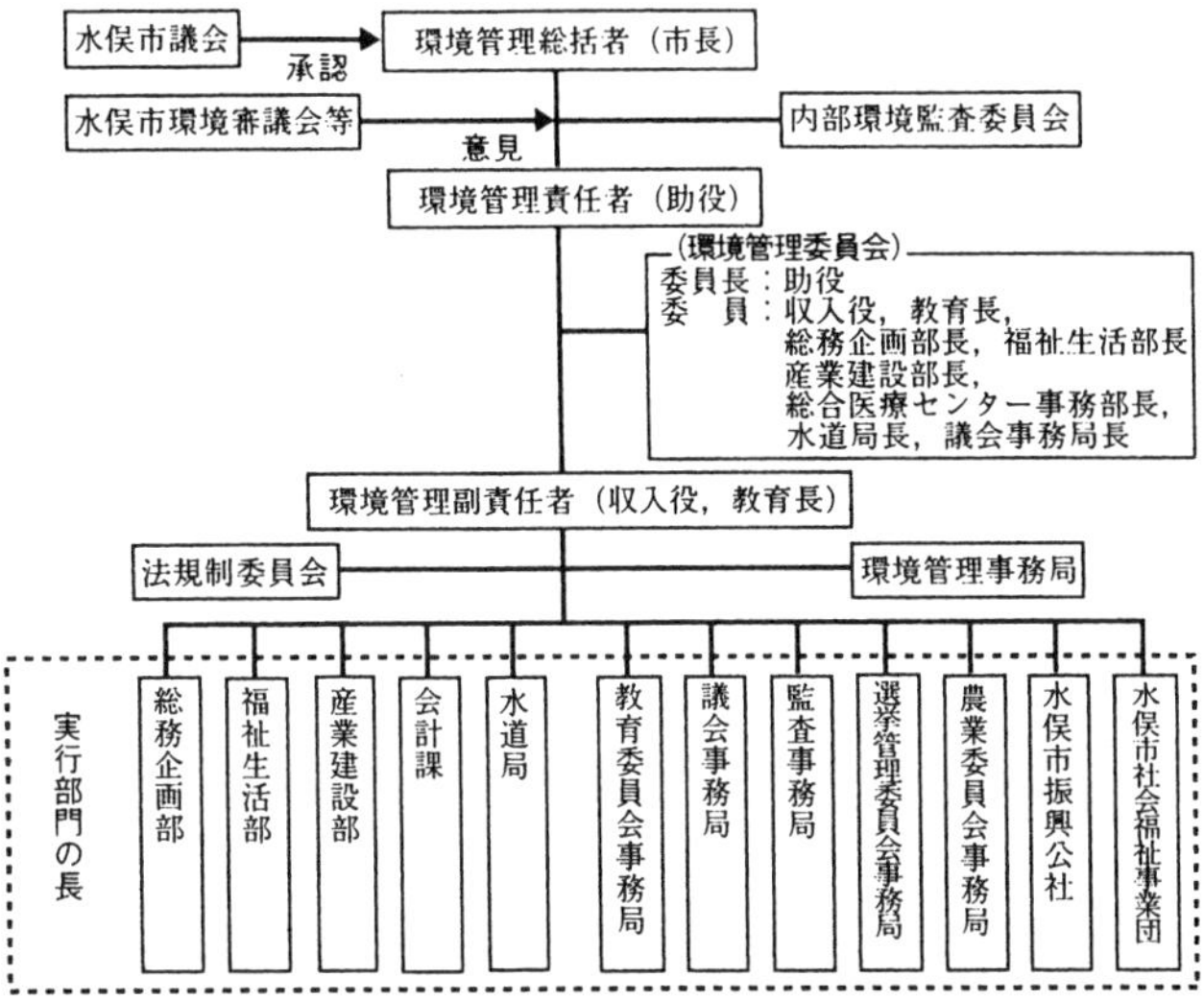

水俣市環境審議会の役割

水俣市環境基本条例（平成5年水俣市基本条例第2号）第14条に基づき設置された環境審議会は，必要に応じて市民の意見聴取を行ない、次の事項について意見等を述べるものとします。

①環境マネジメントシステムの構築及び維持並びに見直しに関する事項
②環境マネジメントシステムの監査に関する事項
③環境マネジメントシステムの普及に関する事項
④その他環境マネジメントシステムの推進に関する事項

中央監査法人編『地方自治体の環境マネジメント』
（中央経済社・１９９９年）１４３頁

人を雇ったり配置替えをする必要なく、既存の組織を活用して、責任体制を明確にするだけです。ここでは、水俣市の環境組織図を掲げておきます（図表10）。

水俣市では、環境審議会が、環境基本計画だけではなく、ＩＳＯ一四〇〇一規格による環境管理システム全体に対して発言権を有しているのが特徴です。ＩＳＯの環境管理プログラムが行政内部で運用され、市民の意見を取り入れるシステムを設けている自治体が少ないだけに、水俣市の試みが注目されます。

また、ＩＳＯ一四〇〇一規格の認証取得にあたっては、文書管理の状態が厳しくチェックされます。規程集、マニュアル、手順書、基準書、監査報告書、是正改善要求書など、多数の文書を整備する必要があります。しかし、民間企業とはことなり、自治体の場合は文書管理はお手のものということができます。既存の文書を作り直したり、若干の新しい書式を作れば、文書管理にそれ程時間をとられることはないでしょう。東京都ＩＳＯ研究会編著『ＩＳＯ一四〇〇一実務ガイドー東京都における環境マネジメントシステム構築』（ぎょうせい・二〇〇〇年）には、多数の書式が収録されているので、参考にするとよいでしょう。

5　点検、是正措置、経営層による見直し

最後に、法律が守られているか、プログラムが予定どおり実施されているか、目的・目標は実現されたかなどを点検します。点検は内部監査でも外部監査でもかまいませんが、通常は内部監査で、東京都の場合には、環境マネジメントシステム監査員がチームを組んで、監査にあたります。監査は、監査計画に基づき、書類検査、実地監査（実地検証）などを行い、その結果を報告書にまとめます。東京都の場合には、各部局が目標・目的を達成できなかったときは、主任監査員が、事務局長に改善方針や改善計画書の作成を求め、それを承認することとしています（東京都環境マネジメントシステム監査実施要領）。

しかし、それだけに監査員の任務は重大であり、かつ優秀な人材が求められます。東京都の場合には、監査員を、一定の知識を有すると認められた者や研修をうけた者の中から選ぶことにしていますが、監査員には、法律や技術的事項にわたる知識が求められるだけに、小さな自治体では、適当な人を探すのが大変だとおもいます。

最後に、組織の最高経営層は、監査の結果、目的・目標がどれ位実現したか、環境マネジメン

トを続けることについての情報や関係者の意見などを参考にして、環境管理システムを自分で見直し、見直しした結果を文書にしなければなりません。

Ⅴ　自治体環境基本計画の現状

先ほど、自治体環境基本計画があれば、ＩＳＯ一四〇〇一規格など必要などないのではないか、という話をしました。そこで、少し自治体環境基本計画の話をし、ＩＳＯ一四〇〇一規格との違いを検討したいと思います。

1　環境基本計画の現況、問題点

環境基本計画は、すでに古くから地方自治体によって作られていたのですが、一九九三年に国の環境基本法が制定され、一九九四年一二月に国の環境基本計画が策定されると、全国の自治体は、雪崩をうったように、環境基本条例と環境基本計画を作成しました。

現在、すべての都道府県や政令指定都市に、環境基本計画があります。それに比べると、市町村の動きは遅く、一九九三年三月の調査では、三三四三市町村のうち、五%にあたる市町村（市が一一三団体、特別区が一三団体、町が二七団体、村はゼロ）となっています（月刊環境自治体二〇〇〇年一月号）。現在、市の段階で環境基本計画を策定するところが増えており、舞台は都道府県から市へ移ったということができます。

環境基本計画の問題として、私は常々、次のような問題を指摘しています。

第一は、内容がどれもこれも似たり寄ったりで、金太郎飴だということです。どの計画も、望ましい地域像として、きれいな空気、澄んだ水、豊かな自然、住みよい快適な環境などを掲げ、これをテーマ別にわけて、自然と人間との調和（共生）、公害のない環境、快適な環境の創造、循環、参加、持続可能な社会に構築、地球環境問題への取組みなど基本目標（基本理念）を並べます。そして、それを実現するための施策が羅列されます。結局、地名さえ変えれば、どこの自治体の環境基本計画にでもなります。**図表7**には埼玉県環境基本計画の一部が引用されていますので、見てください。

私は、いつも、もっと郷土色をだせ、地方色のムンムンするような計画を作れといっているのですが、そういう田舎くさい計画は嫌がられます。また、もっと具体的なことを分かりやすく書け、読んで楽しい計画を作れといっているのですが、環境基本計画は一〇年先、二〇年先の長期計画だから、そんな具体的なことは書けないと反論されます。

しかし、環境基本計画はパートナーシップをうたい、市民の責務を定めています。ゴミ、エネルギー、自動車、地球環境問題の多くは、市民生活にも原因があり、問題解決のためには、行政が頑張るだけではなく、住民の参画、住民の協力がどうしても必要です。そこで、環境基本計画は、住民にアピールしなければ、ほとんど無意味だといってよいと思います。最近の環境基本計画は、数値目標や地域環境指標を掲げ、重点施策、細かな行動指針などを並べるなど、工夫のあるものが見られますが、やはり似たり寄ったりです。こうした現象に環境庁もしびれを切らし、環境基本計画策定に要する費用の二分の一を補助する「地域環境計画策定等推進事業」では、策定手法の「先進性」と計画内容の「独自性」を強く強調しています。

第二に、こうした面白くない計画が作られるのは、住民の意見を十分に聞いていないからです。そういうと、「そんなことはない。わが県は住民参加をやりました」と反論されるでしょう。しかし、コンサルトタントや役所の環境部局が原案を作り、インターネットやファックスで意見を求めても、住民の関心は高まりません。人口が何十万、何百万にもなる都道府県の場合には、住民参加にも限界があることは事実です。そこで、市町村では、住民参加について頑張ってほしいのです。

最近数年、計画のたたき台を市民諮問委員会が討議したり、一般公募の市民が答申の原案を作成したりする市町が増えてきました。具体的な事例紹介は、高橋秀行「自治体環境基本計画の現状と課題―市民参加・重点施策・フォローアップ体制の視点から」行政管理研究八九号（二〇〇〇年三月）に詳しい分析がありますから、そちらに譲ります。

第三の問題が、計画を作った後のフォローアップ（事後追跡、事後評価）が欠けていることです。環境基本計画を作成すると、それで仕事が終わってしまい、計画に書かれた目標や施策がどの程度実施されたのか、目標が実現されていないとすると、どこに問題があるのかなどについて、誰も真剣に検討しようとしません。川崎市のように、毎年報告書を作成し、目標を達成できたかどうかを示しているところもありますが、それでも内容は形式的な記述におわり、なぜ目標を実現できなかったのか、行政体制に問題はなかったのか、などの点は触れられていません。

また最近、公共事業の見直し、事業評価ということがうるさくいわれていますが、二、三の評価項目を担当者がチェックし、この事業は継続する意義があるなどとしている例が多数あります（詳しくは、私の「地方分権下における公共事業と評価手続」山口二郎編『自治と政策』（北海道大学法学部ライブラリー5・北大図書刊行会・二〇〇〇年）を見てください）。

さて、では、なぜ環境基本計画のフォローアップ（事後追跡、事後評価）が進まないのでしょうか。職員にしてみれば、過去の仕事を追いかけるより、予算をとって新しい仕事をしたほうが楽しいに決まっています。それも自分の仕事ではなく、前任者の仕事であれば、なかなか×（ペケ）は付けにくいでしょう。こうした職員の意識にも問題があります。しかし、もっと大きな問題は、今の役所の中には、役所全体の仕事を見回し、仕事の効果を点検し、それを改善につなげていく体制自体がないのです。

たとえば、水俣市を例に取りますと、水俣は「水俣病の経験を貴重な教訓として、水俣病（問題）に今後も取り組んでいくこと」を市の施策すべてに反映させることを目標に、一九九五年には環境基本条例を制定し、九六年には環境基本計画を作成しました。ゴミの二一分別収集や市民参加によるゴミ減量運動・リサイクル運動などは、全国に知られています。しかし、環境基本計画の進捗状況をフォローアップしようとしても、そのための人員や体制がまったく整っていなかったのです。市長は、計画の進行管理をするためには、環境管理システムがないとうまくいかないことを痛感し、ＩＳＯ一四〇〇一規格の取得に踏み切ったというわけです（中央監査法人編『地方自治体の環境マネジメント』（中央経済社・一九九九年）一三八－一四七頁）。

ＩＳＯ一四〇〇一規格を認証取得しなくても、環境政策を進めることはできるという意見を述べました。たしかに、それが理想です。しかし、環境基本計画を作れば職員が一生懸命に働くというのは、やはり幻想でしょう。人間というものは易きに流れるもので、強制がないとなかなか動きません。ＩＳＯ一四〇〇一規格は、第三者による審査、一年ごとの点検、三年ごとの更新審査などの強制的な措置を含んでおり、認証が取り消されることもありえます。そうならないよう、上から下まで、職員の意識が変わり、環境対策に真剣に取り組むようになれば、それはそれでＩＳＯ一四〇〇一規格の認証取得の意義があったといえるわけです。

また、ＩＳＯ一四〇〇一規格は、グローバルスタンダードであり、組織の標準化にも役立ちます。自治体が共通の基準に基づきシステム化されることで、社会的信用や組織の透明性の確保が進むともいわれています（中央監査法人編・前掲書一七―一九頁）。

Ⅵ　環境自治体の将来

1　ＩＳＯ一四〇〇一規格の問題点

まとめに入ります。ＩＳＯ一四〇〇一規格については、施策のフォローアップの手と体制を整備し、それを強制的に実施するという点で優れたところがあります。そういうプラスの面は否定しませんが、ＩＳＯ一四〇〇一規格には、やはりいろいろの問題があると思います。

まず、第一に、これまでのＩＳＯ取得運動が、地域全体の環境問題との関わりをもたず、庁舎内の運動に終わっている例が多いことです。庁舎内で節電したり、コピーの裏を使ったりするこ

図表11　環境自治体の成熟度

←熟度低　　政策実施の高度化　　熟度高→

↑熟度低　政策の空間的拡大　熟度高↓

	個別政策の実施 ⇒	組織的・体系的な政策実施 ⇒	客観的評価による政策実施
庁内～他事業所への波及	各種庁内アクション ・マイカー自粛通勤 ・ノーネクタイ ・裏紙利用	・グリーン購入 ・率先実行計画	・事務事業評価システム ・環境監査(外部監査)
↓ 地域全体	地域環境に関わる政策実施 ・汚染物質排出規制 ・ごみ分別収集 ・公園整備 ・焼却場の燃焼方法改善	・環境基本条例 ・環境基本計画 ・ゾーニング(土地利用計画) ・環境政策年次報告	・地域環境指標の導入 ・公共事業評価システム ・参加型計画アセスメント
↓ 地球全体	地球環境に関わる政策実施 ・太陽光発電 ・フロン回収	・環境優先型総合計画 ・温暖化防止対策推進計画 ・ローカルアジェンダ	・ローカルアジェンダの運用 ・市民・事業者・行政の相互チェックシステム

中央監査法人編『地方自治体の環境マネジメント』
（中央経済社・１９９９年）５０頁

とが無意味だとは思いません。自ら率先してやるという気構えも必要です。しかし、行政の役割は、地域全体の環境を良くすることであり、役所の中で環境改善運動をすることではありません。地域全体の環境を良くするには、やはり視野を広くとった環境基本計画が必要なのです。

図表11は、そうした政策が徐々に範囲を拡大し、成熟度を高めていく過程をうまく示していると思います。地球全体の環境を考え、それを政策として実現するのはさらに先になるでしょう。ここでは、二

段目（真ん中）の段階にまで進み、それが次第に右側に進んでいくことを期待したいと思います。

第二は、ＩＳＯ一四〇〇一規格では、施策に住民の意見が反映されにくいことです。ＩＳＯ一四〇〇一規格が情報公開という点で問題があることは、すでに述べました。企業の場合はともかく、自治体の場合には、この点が非常に大きな問題になります。なぜＩＳＯ一四〇〇一規格を認証取得するのか、それを取得するとどういう効果があるのか、費用はいくらかかるのかなどを、住民に明確に説明する必要があります。「まちのイメージアップになる」「職員の意識が高まる」程度の説明では、おそらく住民が納得しないでしょう。

また、ＩＳＯを認証取得したのちも、役所の内部監査や報告書の作成がされるだけで、住民の監督をうけません。ＩＳＯ一四〇〇一規格による環境管理システムの内容、進行管理についても、審議会、説明会、意見書提出などの手続を設けるべきだと思います。

第三に、以上の理由から、私は環境基本計画とＩＳＯ一四〇〇一規格による環境管理システムは、異なる内容をもつものだと思います。先ほど、市レベルでは環境基本計画の作成が進んでいることを述べましたが、町村レベルでは、ＩＳＯの認証取得が環境基本条例や環境基本計画を定めない口実に使われている節があります。しかし、環境ＩＳＯは基本的に庁舎内の運動です。ＩＳＯの認証取得で済まそうとするのなら、目標を地域全体の環境改善にまで拡大し、取り組みの

図表12 『可児市環境基本計画（案）』（可児市、1999年12月）、126頁

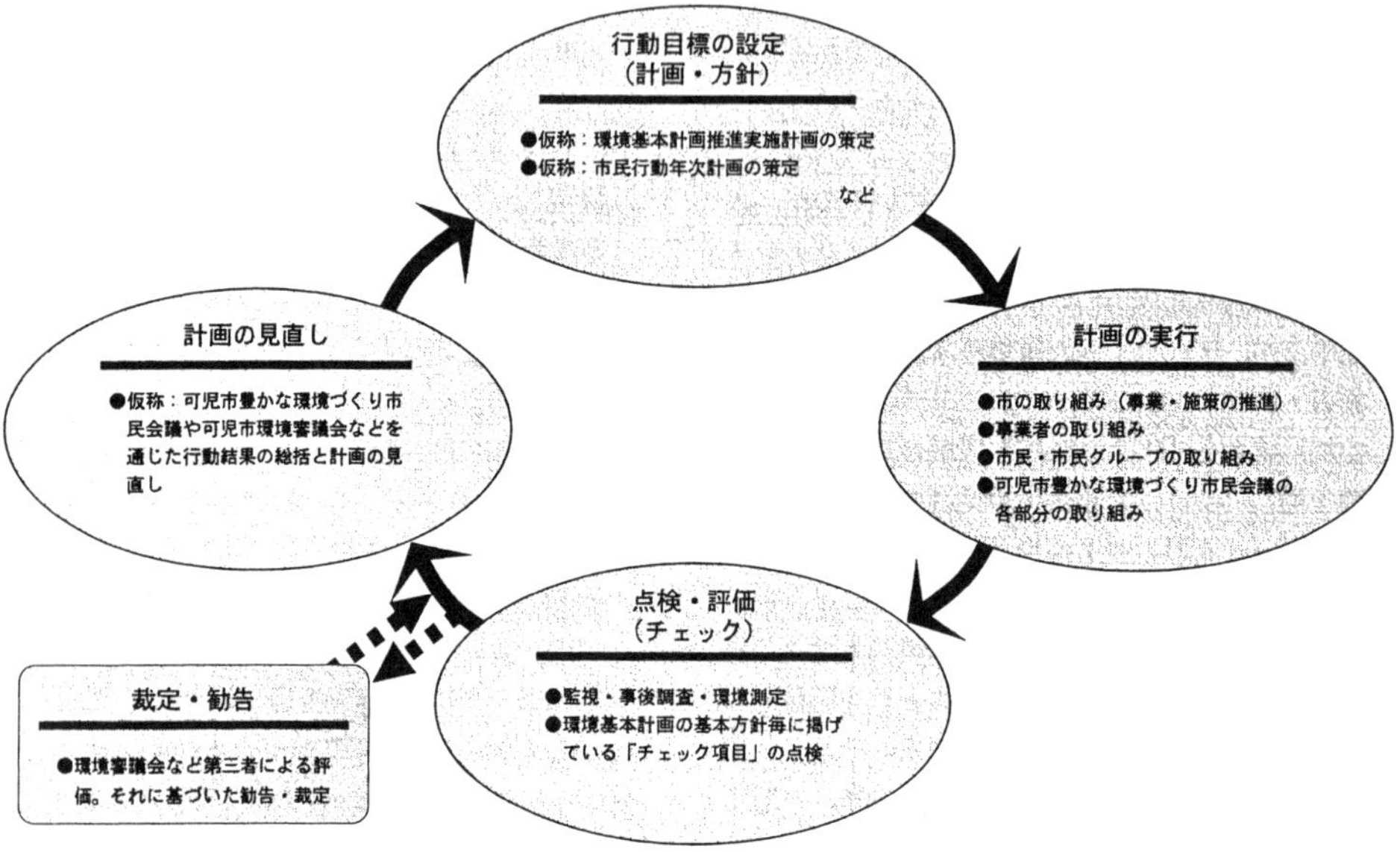

高橋秀行「自治体環境基本計画の現状と課題」行政管理研究89号32頁

初期の段階から住民に対して情報発信し、住民の意見を取り入れていくことが必要です。

2 自治体ＩＳＯの役割

最後に、では環境基本計画とＩＳＯ一四〇〇一規格とは相入れないものなのでしょうか。

ＩＳＯ一四〇〇一規格は、環境対策に取り組む組織体制、手順、書式などについて細かい定めをおいています。それがグローバルスタンダードとして、企業のみならず、諸外国の都市、

団体、ＮＧＯ、教育機関などにも受け入れられつつあります。そこで環境基本計画の推進体制をＩＳＯで管理することには、おおいに意義があると考えます。要するに、企業のようにＩＳＯ一四〇〇一規格に環境対策のすべてを受けもたせるのではなく、進行管理の道具として活用するのです。

そして、最後に重要なことは、この進行管理を庁舎内で実施するだけはなく、地域全体において実施することです。ＩＳＯ一四〇〇一規格は、職場の内部でＰＤＣＡを実践するものですが、これからは、地域全体においてＰＤＣＡを実践し、ＩＳＯ一四〇〇一規格を地域全体の環境マネジメントの手段に作り替えていくことが、ＩＳＯ取得をめざす自治体の役目だと思います。こうした点を意識したすぐれた計画も現れています。たとえば、岐阜県可児市の環境基本計画（案）（図表12）は、ＰＤＣＡのサイクルを環境基本計画や住民参加に非常にうまく結び付けている例だと思います。

3　政策評価との連携

最後に、環境政策の実施にあたっては、その進行を管理するだけではなく、政策自体を評価することが必要です。ＩＳＯ一四〇〇一規格は、政策自体を評価するものではなく、政策目標が達成されたかどうかを評価（測定）するものでもありません。政策を実施する体制がきちっと整備され、機能しているかどうかをチェックするものです。したがって、ＩＳＯをいくら厳密に実施しても、政策の見直しに直接つながらないのです。しかし、それでは画龍点睛を欠くことになります。最近は、事業評価、政策評価ばやりで、ＩＳＯ以上に形骸化するのではないかという懸念もあります。しかし、始まったばかりの制度ですから、徐々に工夫改善を加えていくことが必要です。ＩＳＯ一四〇〇一規格の認証取得に満足せずに、住民と一緒に政策の中身を見直す段階にまで進んでほしいと思います。

たいへんに暑い中、ご静聴ありがとうございました。私の話をこれで終わります。

《参考文献》

ケー・アイ・ビーコマツ・キャリア・クリエイト『Q&AよくわかるISO一四〇〇〇』(日本経済新聞社・一九九六年)
監査法人トーマツ編『自治体ISO一四〇〇一入門』(中央経済社・一九九八年)
上越市・日本環境認証機構編著『自治体ISO一四〇〇一認証取得マニュアル―環境先進都市・上越市の成功事例』(ぎょうせい・一九九九年)
東京市町村自治調査会著『環境自治体ISO一四〇〇一をめざして〔第2版〕』(イマジン出版・一九九九年)
中央監査法人編『地方自治体の環境マネジメント』(中央経済社・一九九九年)
山本武『環境自治体ISO14001一四〇〇一システム構築ガイド』(学陽書房・一九九九年)
東京都ISO研究会編著『ISO一四〇〇一実務ガイド―東京都における環境マネジメントシステムの構築』(ぎょうせい・二〇〇〇年)

後藤力・矢野昌彦『すぐに役立つ地方自治体ＩＳＯ一四〇〇一取得マニュアル』（オーム社出版局・二〇〇〇年）
東京市政調査会「特集・自治体におけるＩＳＯ認証取得」都市問題九〇巻一号（一九九九年一月）
石井薫「ＩＳＯ環境監査の現状と課題」環境と正義二〇〇〇年三月号－七月号
石井薫「ＩＳＯの環境監査と地方自治体－ＩＳＯ一四〇〇一シリーズの導入を中心として」経営研究所論集（東洋大学）二三号（二〇〇〇年）
高橋秀行「自治体環境基本計画の現状と課題」行政管理研究八九号（二〇〇〇年三月）
畠山武道・大塚直・北村喜宣『環境法入門』（日本経済新社・日経文庫・二〇〇〇年）

（本稿は、二〇〇〇年五月二七日、北海道大学法学部八番教室で開催された地方自治土曜講座での講義内容をもとに、全面的に書下ろしたものです。）

著者紹介

畠山　武道（はたけやま・たけみち）

一九四四年旭川市生まれ。

一九六七年北海道大学法学部卒業。一九七二年同大学大学院博士課程修了。一九七三年立教大学法学部講師、その後、助教授、教授。

一九八九年北海道大学法学部教授。二〇〇〇年四月より北海道大学大学院法学研究科附属高等法制教育研究センター教授。専攻は、行政法、環境法、租税法。小樽市に在住。

著書として、『アメリカの環境保護法』（北大図書刊行会）、『租税法〔改訂版〕』（青林書院）、『環境行政判例の総合的研究』（共著、北大図書刊行会）、『環境法入門』（共著、日本経済新聞社）などがある。

刊行のことば

「時代の転換期には学習熱が大いに高まる」といわれています。今から百年前、自由民権運動の時代、福島県の石陽館など全国各地にいわゆる学習結社がつくられ、国会開設運動へと向かう時代の大きな流れを形成しました。学習を通じて若者が既成のものの考え方やパラダイムを疑い、革新することで時代の転換が進んだのです。

そして今、全国各地の地域、自治体で、心の奥深いところから、何か勉強しなければならない、勉強する必要があるという意識が高まってきています。

北海道の百八十の町村、過疎が非常に進行していく町村の方々が、とかく絶望的になりがちな中で、自分たちの未来を見据えて、自分たちの町をどうつくり上げていくかを学ぼうと、この「地方自治土曜講座」を企画いたしました。

この講座は、当初の予想を大幅に超える三百数十名の自治体職員等が参加するという、学習への熱気の中で開かれています。この企画が自治体職員の心にこだまし、これだけの参加になった。これは、事件ではないか、時代の大きな改革の兆しが現実となりはじめた象徴的な出来事ではないかと思われます。

現在の日本国憲法は、自治体をローカル・ガバメントと規定しています。しかし、この五十年間、明治の時代と同じように行政システムや財政の流れは、中央に権力、権限を集中し、都道府県を通じて地方を支配、指導するという流れが続いておりました。まさに「憲法は変われど、行政の流れ変わらず」でした。しかし、今、時代は大きく転換しつつあります。そして時代転換を支える新しい理論、新しい「政府」概念、従来の中央、地方に替わる新しい政府間関係理論の構築が求められています。

この講座は知識を講師から習得する場ではありません。ものの見方、考え方を自分なりに受け止めてもらう。そして是非、自分自身で地域再生の自治体理論を獲得していただく、そのような機会になれば大変有り難いと思っています。

「地方自治土曜講座」実行委員長
北海道大学法学部教授　森　啓

（一九九五年六月三日「地方自治土曜講座」開講挨拶より）

地方自治土曜講座ブックレットNo. 59

環境自治体とＩＳＯ

２０００年９月２０日　初版発行　　　　定価（本体７００円＋税）

著　者　　畠山　武道

企　画　　北海道町村会企画調査部

発行人　　武内　英晴

発行所　　公人の友社

〒112-0002　東京都文京区小石川５－２６－８

ＴＥＬ０３－３８１１－５７０１

ＦＡＸ０３－３８１１－５７９５

振替　００１４０－９－３７７７３

「地方自治土曜講座ブックレット」（平成７年度～11年度）

	書名	著者	本体価格
	《平成7年度》		
1	現代自治の条件と課題	神原　勝	九〇〇円
2	自治体の政策研究	森　啓	六〇〇円
3	現代政治と地方分権	山口　二郎	（品切れ）
4	行政手続と市民参加	畠山　武道	（品切れ）
5	成熟型社会の地方自治像	間島　正秀	五〇〇円
6	自治体法務とは何か	木佐　茂男	六〇〇円
7	自治と参加　アメリカの事例から	佐藤　克廣	（品切れ）
8	政策開発の現場から	小林　勝彦 大石　和也 川村　喜芳	（品切れ）
	《平成8年度》		
9	まちづくり・国づくり	五十嵐広三 西尾　六七	五〇〇円
10	自治体デモクラシーと政策形成	山口　二郎	五〇〇円
11	自治体理論とは何か	森　啓	六〇〇円
12	池田サマーセミナーから	間島　正秀 福士　明 田口　晃	五〇〇円
13	憲法と地方自治	中村　睦男 佐藤　克廣	五〇〇円
14	まちづくりの現場から	斎藤　外一 宮嶋　望	五〇〇円
15	環境問題と当事者	畠山　武道 相内　俊一	五〇〇円
16	情報化時代とまちづくり	千葉　純 笹谷　幸一	（品切れ）
17	市民自治の制度開発	神原　勝	五〇〇円
	《平成9年度》		
18	行政の文化化	森　啓	六〇〇円
19	政策法学と条例	阿倍　泰隆	六〇〇円
20	政策法務と自治体	岡田　行雄	六〇〇円
21	分権時代の自治体経営	北　良治 佐藤　克廣 大久保尚孝	六〇〇円
22	地方分権推進委員会勧告とこれからの地方自治	西尾　勝	五〇〇円
23	産業廃棄物と法	畠山　武道	六〇〇円
25	自治体の施策原価と事業別予算	小口　進一	六〇〇円
26	地方分権と地方財政	横山　純一	六〇〇円
27	比較してみる地方自治	田口　晃 山口　二郎	六〇〇円

「地方自治土曜講座ブックレット」（平成７年度～11年度）

《平成10年度》

	書名	著者	本体価格
28	議会改革とまちづくり	森　啓	四〇〇円
29	自治の課題とこれから	逢坂　誠二	四〇〇円
30	内発的発展による地域産業の振興	保母　武彦	六〇〇円
31	地域の産業をどう育てるか	金井　一頼	六〇〇円
32	金融改革と地方自治体	宮脇　淳	六〇〇円
33	ローカルデモクラシーの統治能力	山口　二郎	四〇〇円
34	政策立案過程への「戦略計画」手法の導入	佐藤　克廣	五〇〇円
35	'98サマーセミナーから「変革の時」の自治を考える	神原　昭子 磯田　憲一 大和田建太郎	六〇〇円
36	地方自治のシステム改革	辻山　幸宣	四〇〇円
37	分権時代の政策法務	礒崎　初仁	六〇〇円
38	地方分権と法解釈の自治	兼子　仁	四〇〇円
39	市民的自治思想の基礎	今井　弘道	[未刊]
40	自治基本条例への展望	辻道　雅宣	五〇〇円
41	少子高齢社会と自治体の福祉法務	加藤　良重	四〇〇円

《平成11年度》

	書名	著者	本体価格
42	改革の主体は現場にあり	山田孝夫	九〇〇円
43	自治と分権の政治学	鳴海正泰	一、一〇〇円
44	公共政策と住民参加	宮本憲一	一、一〇〇円
45	農業を基軸としたまちづくり	小林康雄	八〇〇円
46	これからの北海道農業とまちづくり	篠田久雄	八〇〇円
47	自治の中に自治を求めて	佐藤　守	一、〇〇〇円
48	介護保険は何を変えるのか	池田省三	一、一〇〇円
49	介護保険と広域連合	大西幸雄	一、〇〇〇円
50	自治体職員の政策水準	森　啓	一、一〇〇円
51	分権型社会と条例づくり	篠原　一	一、〇〇〇円
52	自治体における政策評価の課題	佐藤克廣	一、〇〇〇円
53	小さな町の議員と自治体	室崎正之	九〇〇円
54	地方自治を実現するために法が果たすべきこと	木佐茂男	[未刊]
55	改正地方自治法とアカウンタビリティ	鈴木庸夫	一、二〇〇円
56	財政運営と公会計制度	宮脇　淳	一、一〇〇円
57	自治体職員の意識改革を如何にして進めるか	林　嘉男	一、〇〇〇円
58	道政改革の検証	神原　勝	[未刊]